DU

DÉFRICHEMENT DES FORÊTS

ET DU

BOISEMENT DES TERRES INCULTES,

PAR M. GONZALVE DE VILLEMOTTE.

NANCY,

IMPRIMERIE DE RAYBOIS ET Cᵉ.

—

JUILLET MDCCCXLIV.

DÉFRICHEMENT DES FORÊTS

BOISEMENT DES TERRES INCULTES.

La loi du 21 mai 1827 défend de défricher les bois par-
ticuliers, sans l'autorisation du ministre des Finances,
après avis donné par le conservateur des forêts et le préfet.
Cette loi ne détermine aucunes conditions sur la position
et la qualité des bois ; elle laisse donc toute autorisation
à l'appréciation, à l'arbitraire même de l'administration.

Il est rationnel de ne pas laisser défricher tous les bois ;
parce que des propriétaires cupides ou sans intelligence,
abusant de cette faculté, séduits par l'appas d'un bénéfice
momentané, défricheraient des bois situés sur le penchant
des montagnes ou sur un sol peu profond, qui, après
quelques années de culture, ne donnerait aucun produit, et
serait même à peine bon à être reboisé, la terre végétale
ayant été enlevée par les eaux. Il était donc indispensable
d'opposer dans cette circonstance un frein aux droits de
propriété, mais il fallait partir de bases exactes, non con-
testables, faciles à apprécier par les parties intéressées. Il
n'y en a que deux qui peuvent être générales : l'inclinaison
du terrain et la profondeur du sol végétal. Alors la restric-
tion se serait bornée à de rares exceptions ; on aurait pu
soumettre la demande à une enquête de commodo et d'in-

commodo, qui aurait donné une mesure des exigences du pays; il aurait fallu, enfin, autre chose que le bon vouloir de l'administration, qui ne procède pas toujours avec justice et qui malheureusement dans cette question considère plus les personnes que les besoins des localités. Souvent on a vu une autorisation de défrichement refusée à un propriétaire, être accordée lorsque le bois avait changé de possesseur; dans la même localité, deux demandes sont faites en même temps : on acquiesce à l'une, l'autre est rejetée, et la faveur quelquefois est donnée pour le bois le plus considérable, pour celui dont la valeur est la plus élevée comme produit forestier. En général, l'administration forestière donne un avis défavorable; les préfets qui, d'après l'esprit et la lettre de la loi, doivent statuer sur le rapport du conservateur, le copient textuellement; ils ne font aucune enquête pour vérifier son opportunité. Pour ne pas avoir la peine de choisir dans les demandes faites, ils les repoussent toutes : le choix serait, il est vrai, dangereux à faire en présence des électeurs? La solution de la question doit donc avoir lieu à Paris, dans les bureaux du ministre. Là, avec des données égales pour tous, il est difficile de répartir les autorisations d'une manière équitable. L'exercice d'un droit de propriété devient alors une faveur ; il faut se présenter en solliciteur pour l'obtenir, et il devient trop souvent le prix de services rendus, l'esprit de parti joue même un rôle dans ces questions qui devraient être complètement matérielles. Il est temps de sortir de cette voie, qui n'a pas toujours été exempte de grands scandales : il faut que les droits des propriétaires soient nettement arrêtés ; en prohibant complétement les défrichements, le problème serait résolu, mais d'une manière trop absolue, au moment où les canaux et les chemins de fer enlèvent une grande quantité de terre à l'agriculture ; où facilitant les moyens de communications, ils donnent de nombreux et faciles débouchés aux divers bassins houillers que nous possédons, il faut donner aux propriétaires dont les forêts seront dépréciées par l'apparition de la houille, le moyen de rétablir l'équilibre dans leurs revenus. Ne craignons pas de multiplier les ressources agricoles, elles sont la base de toute prospérité. On demande beaucoup à la France, il faut lui faire beaucoup produire.

Plusieurs économistes forestiers ont voulu comparer les produits des bois et les produits agricoles ; par leur calcul, ils arrivaient à prouver l'avantage des premiers sur les seconds. Mais dans une hypothèse, ils prenaient le produit brut et dans l'autre, le prix de fermage ou le produit net. Rétablissons les choses sur leur véritable terrain. Un hectare de très-beaux bois dans une bonne position marchande, peut donner à 30 ans :

Bois de chauffage et de charbon, 121 stères,
à 7 fr. : 847
Bois de service en grume, 30 stères, à 30 f,   900
Fagots, 700 stères, à 20 fr   140
                                             ————
                                             1887

Pour un an . . . . $\dfrac{1887}{30} = 62^f90$

Un hectare de bonne terre produit en trois ans, adoptant la jachère et l'assolement triennal, qui est le moins avantageux :

1ʳᵉ année, 20 hectolitres de blé à fr. 15	300
3000 kilogr. de paille à fr. 12	36
2ᵉ — 30 hectolitres d'avoine à 5	150
3000 kilogr. de paille à 6	18
3ᵉ — jachère. . . . . néant	

$$\text{Pour un an} \ldots \ldots \ldots \ldots \frac{504}{3} = 168^{\text{f}}$$

L'hectare de forêt donne donc au pays des matières pour une valeur de 62 f. 90 c., et l'hectare de terre pour la somme de 168 f., avantage pour le dernier, 105 f. 10 c. La richesse générale du pays est donc bien évidemment plus favorisée en cultivant les bonnes terres qu'en les laissant couvertes de bois.

La terre est une matrice qui développe les germes qui lui sont confiés; il appartient à l'homme civilisé de les placer avec intelligence, avec opportunité. Il doit donc convertir en forêts les terres qui, favorables à la sylviculture, offriraient peu de ressources à l'agriculture en raison de leur inclinaison et de leur peu de richesse en sol végétal; il doit adapter ainsi les produits à ses besoins et aux ressources du sol.

Il y a en France, 7,151,000 hectares de forêts, et 5,341,000 hectares de terres incultes, landes et bruyères. Les terres incultes sont en général sur le sommet et les pentes des montagnes, où l'absence du bois est désastreuse; à l'époque de la fonte des neiges et des grandes pluies, rien n'oppose alors de digue à la fougue des torrents qui causent ces terribles débordements, qui dévastent périodiquement le midi de la France. Les landes et les bruyè-

res naissent sur des terres sablonneuses dont la chétive valeur ne peut compenser les frais exigés pour les mettre en
culture; elles sont propres au semis de pins; nous en avons
une preuve irrécusable dans la Sologne et dans le Berry,
où de vastes plaines, naguère improductives, sont actu-
ellement couvertes de belles forêts d'arbres verts. Malheureusement le bien est peu contagieux, il faut pour l'obtenir de puissants efforts.

La loi sur les défrichements devrait tendre à faire repeupler en bois les terres incultes, lorsqu'elle permet de livrer
à la culture les forêts dont le sol offre, sous ce rapport, de
grands avantages; il faudrait faire payer à ceux qui deman-
dent l'autorisation de défricher, une indemnité qui serait
consacrée soit à repeupler les terres incultes appartenant à
l'Etat, soit à donner des primes aux propriétaires ou aux
communes qui boiseraient des landes, des bruyères, des
terres stériles. Cette indemnité devrait être assez élevée
pour empêcher de défricher tout bois dont le sol ne serait
pas assez riche pour offrir un long et lucratif avenir à l'a-
griculture; elle devrait pouvoir couvrir les frais exigés pour
la plantation d'une quantité de terrain double de celle que
l'on défricherait; le produit de jeunes bois ne pouvant
de longtemps équilibrer celui de forêts bien aménagées :
le chiffre de 200 francs atteindrait ce but. Les frais de boisement d'un hectare s'élèvent, au maximum, à 100 francs,
comprenant les repiquages nécessaires pour remplacer les
graines qui n'ont pas produit. La somme de 200 francs
suffirait pour empêcher de défricher les bois dont le sol
et la position ne seraient pas très-favorables à l'agriculture:
En effet, si le bois est situé près d'un village riche et popu-
leux, où les terres aient une grande valeur, le défriche-

ment est indiqué par le prix élevé des terres ; alors le propriétaire est indemnisé par le prix de vente de son bien de la somme de deux cents francs qu'il a été obligé de verser au trésor ; et un nouvel aliment de travail est donné à des populations qui en sont avides.

Si le bois, au contraire, est éloigné des foyers de population, et qu'il faille construire des bâtiments d'exploitation pour tirer parti du sol (cette supposition est applicable à presque tous les bois qui dépassent la contenance de soixante à quatre-vingts hectares), la somme de deux cents francs arrêtera tout projet de défrichement conçu légèrement ; parce qu'il faudra pour opérer ce changement de nature dans la propriété, par hectare :

Pour frais de défrichement . . . . 100 f.
Pour frais de construction, pour une étendue de 100 hectares, environ 300
Frais d'administration et généraux 30
Pour indemnité. 200

630 f.

Or, pour surcharger de 630 francs de frais généraux, par hectare, la valeur première du fonds qui est de 400 fr. pour les bois de première classe, il faut un sol de première qualité. Et dans ce cas, comme nous l'avons établi plus haut, il y a augmentation de production, puisque le sol agricole produit, par hectare, 105 fr. 10 c. de plus que le sol forestier.

Il y a, dans ce cas, double accroissement de richesse générale, puisque cette transformation donne les fonds né-

cessaires pour mettre en valeur deux hectares de terre in-
productive, et jusqu'alors le plus grand obstacle au reboi-
sement était l'absence de fonds à consacrer à cette opéra-
tion. Ce projet a donc l'avantage de nous faire sortir de
l'arbitraire sous lequel nous met la loi actuelle, d'affran-
chir l'administration des sollicitations sans fin auxquelles
elle l'expose et des récriminations qui en sont la suite,
de restreindre dans de justes limites le droit de défricher
les forêts et de le faire tourner au profit de l'Etat, en facilitant le boisement des terres incultes.

Nous espérons que les hommes chargés de représenter
et de défendre les intérêts de la France, réfléchiront à ces
considérations, en pensant que les lois arbitraires provo-
quent toujours les abus et vicient l'esprit des peuples.

NANCY.—Imprimerie de RAYBOIS et Cie, rue Saint-Dizier, 125.